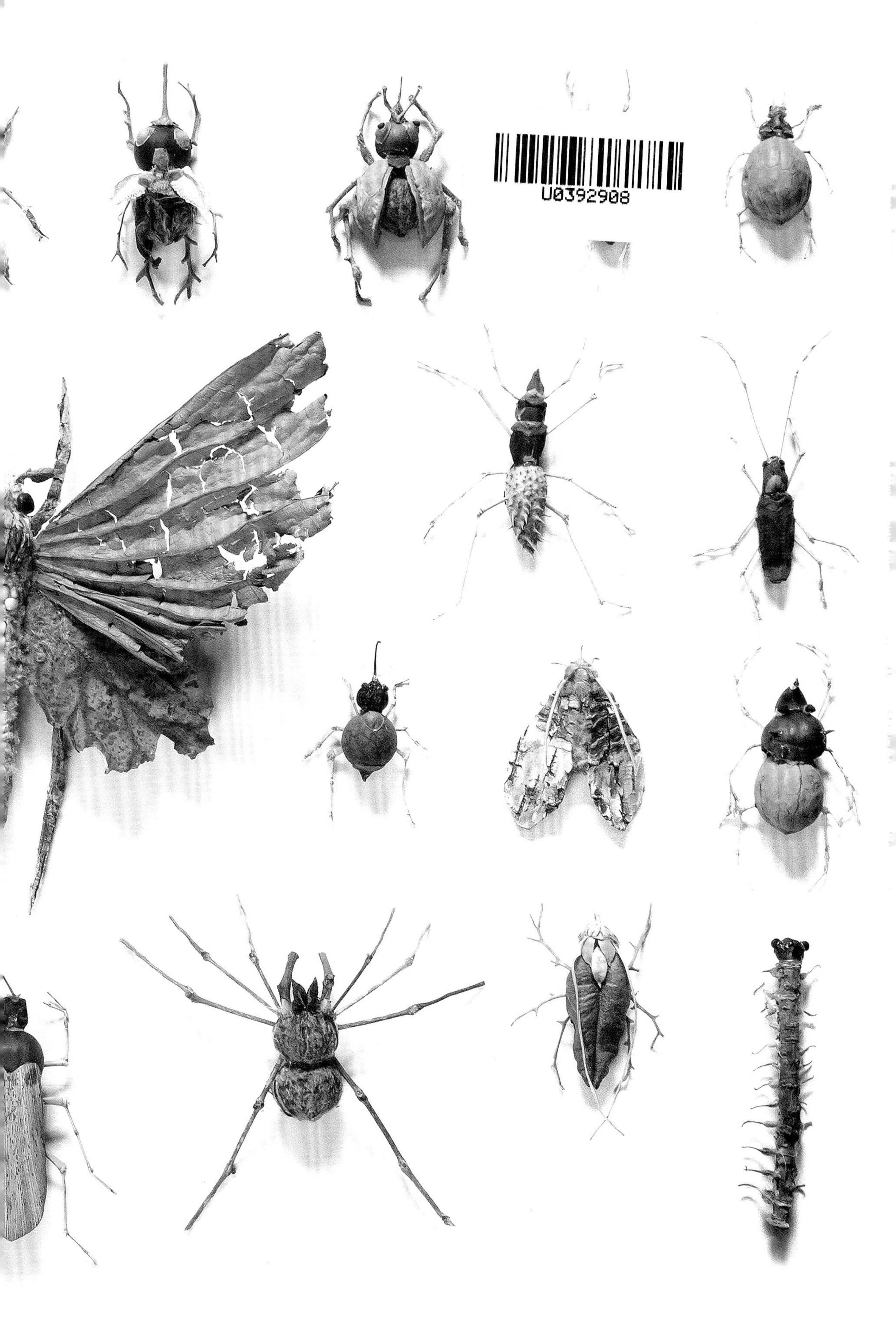

自然手工

源自大自然的灵感与创意

安详　山果农夫　著
城野　摄影

化学工业出版社
·北京·

内容简介

本书是一本充满创意的自然手作教程。作者用自然界中常见的果实、种子、树枝等自然材料，结合自己丰富的想象，创作出一个个惟妙惟肖的动物，以及精美的城堡等景观。让人在感叹大自然造物神奇的同时，感受到自然手工的独特魅力。书中所有作品均配有创作理念讲解、精美的成品图和详细的制作步骤图文，读者可轻松上手。

图书在版编目（CIP）数据

自然手工：源自大自然的灵感与创意/安详，山果农夫著；城野摄影. —北京：化学工业出版社，2024.7
ISBN 978-7-122-45366-2

Ⅰ.①自… Ⅱ.①安…②山…③城… Ⅲ.①手工艺品-制作 Ⅳ.①TS973.5

中国国家版本馆CIP数据核字（2024）第068680号

责任编辑：孙晓梅　　装帧设计：溢思视觉设计/蔡多宁
责任校对：宋　夏

出版发行：化学工业出版社
（北京市东城区青年湖南街13号　邮政编码100011）
印　　装：北京宝隆世纪印刷有限公司
787mm×1092mm　1/16　印张$6^1/_2$　字数　114千字
2024年7月北京第1版第1次印刷

购书咨询：010-64518888　　售后服务：010-64518899
网　　址：http://www.cip.com.cn
凡购买本书，如有缺损质量问题，本社销售中心负责调换。

定　　价：78.00元

前言

童年的秘密

我的童年是在北方一个偏远的乡村度过的，那里四面环山、景色秀丽、四季分明，颇似陶渊明笔下的世外桃源。记得小时候一放学，我和我的小伙伴就迫不及待地提着自制的小水桶沿着家门口的小河一路摸鱼抓虾。有时候我们会赖着爸爸和我们一起抓，一直到天黑都不愿意回家。那时的我最期待放假了，因为可以约小伙伴们一起摘杏子、游泳、掏鸟窝、挖地洞、挖药草……我们在村里是人嫌狗不理的“野”孩子。

一晃20多年过去了，童年的玩伴都已陆续结婚生子，为生活而奔波，而我似乎依旧没有长大，总觉得还没有做好长大的准备，还有好多想做的事没有做。我喜欢孩子们的玩具，喜欢看孩子们的笑脸，喜欢他们甜甜地叫我安详老师，就这么任性甚至幼稚着。

在从事少儿艺术教育的这些年，我一直在思考孩子们真正需要的是一个怎样的成长空间。每当我休闲时闭上眼睛，思绪就会带我回到过去的那段时光里，田野间、山河里，欢笑声、打闹声，那段逝去的光阴是如此清晰，冥冥之中在指引我继续做儿时的梦。

安详

大自然的巧合

大自然孕育的生命总是在变化的，人们甚至还来不及思索树木是以什么样的方式繁衍后代，它便已结满了果，然后以肉眼可见的速度长大、成熟，直到开始释放种子，新的一轮生命便已开启。四季流转，周而复始。动物也遵循着季节规律哺育后代，繁衍生息。但若细心观察你便会发现，那片蜷缩的叶片神似一些昆虫的身体或翅膀；褪去果实的番茄果柄稍加修剪便成了甲虫的腿；牵牛花果壳的绒毛和形态正是蝴蝶与蜜蜂的腿；连干枯了的向日葵都可以成为一只大蜘蛛的身体，真是令人万分惊奇。我想我发现了自然的秘密，每天乐此不疲地探索着自然界的精灵们，从中获得了无穷的乐趣。我迫不及待地想把这个秘密告诉更多的孩子和热爱自然的朋友们，希望你们能从简单的生活中获取快乐。

工具使用及安全说明

山果自然手工适合四岁以上儿童和成人学习，所使用的工具主要有热熔胶枪、咖色胶棒和园艺剪刀。幼儿需要在家长的陪同下进行安全操作！胶枪使用前需要预热1分钟左右，出胶时禁止枪头向上，以免热胶滴落到手上！胶枪不宜长时间通电加热，制作完成后须及时断电，注意用电安全！

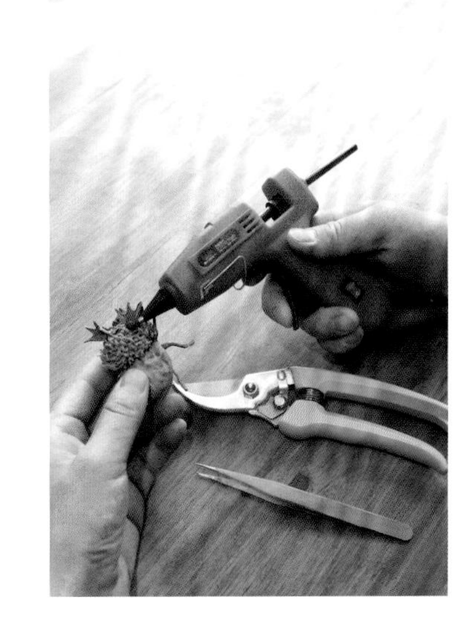

目录

❶ 草原系列

❷ 森林系列

3 飞鸟集

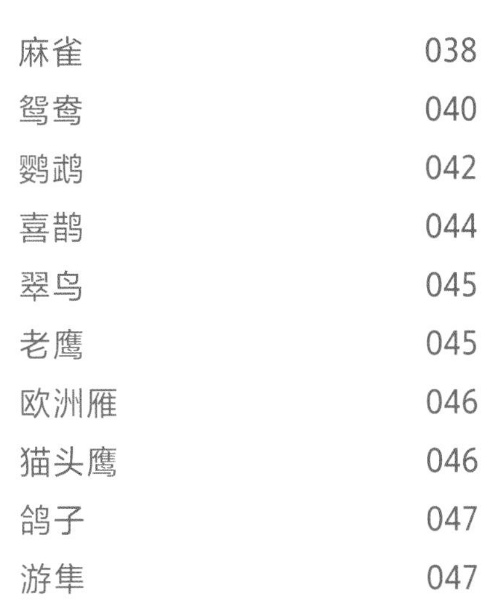

4 昆虫系列

5

卡通系列

6

仿真动物

7

微型景观

1

草原系列

角马
小羊
鸵鸟
河马
黑猩猩
狮子
驴
狐狸
牦牛
非洲野牛
野猪
大象

角马

角马是生活在非洲大草原上的一种三不像动物，它长着牛角、马脸和一把山羊胡子，让人分不清它到底是牛是马还是羊。它还有另一个名字，叫牛羚。如何用自然材料体现一只角马呢？我一直没有头绪，直到遇到了剑麻壳，让我想起了它的大长脸。那颗菱角仿佛也是为它量身定制的！那呆萌迟滞的眼睛是它灵魂与气质的体现。那瘦弱的身形看似偷工减料却也煞费苦心。这是一个扛着大长脑袋的瘦高个。

制作步骤

1.选一颗小的云杉松果，用作角马的长脸。

2.在云杉松果上粘上剑麻壳，表现角马标志性的鼻梁。

3.菱角是角马宿命中的缘分，非常适合表现角马像牛一样的角。

4.咕嘟果（桉树果实）和棉花壳是这件作品的灵魂所在，分别用来表现角马的眼睛和耳朵。

5.身体是简洁的，关键在那回首侧目的一瞬。

6.弯曲有致的树枝看似简陋但却举足轻重。

7.角马的蹄子短小而有力，用小榛子壳来表现蹄子，非常形象。作品完成。

小羊

可爱圆润的小羊，丰满的体态非常适合用硕大的美国松果（大果松的松果）来表现！脑袋上的一撮卷毛，是用我无意中发现的橡果帽（壳斗）制作的。在创作欲望的驱使下，我陆续发现了核桃壳、松子壳、栾树种子等材料，每一种材料都完美地体现了小羊呆萌的气质。咩咩咩……这只小羊具有萌化人心的魔力！

制作步骤

1. 选一颗硕大的大果松的松果作为小羊的身体。

2. 用核桃壳做小羊的脸部。

3. 脑袋上的那撮卷毛是用橡果帽表现的，低垂的耳朵用的是松子壳。眼睛和鼻子分别用栾树种子和小榛子壳表现。

4. 用小树枝表现小羊的尖角。

5. 小羊的四条腿用的是松果芯（云杉松果剥掉鳞片）。

6. 最后用小榛子壳制作小羊的蹄子，用小橡果帽制作小羊的尾巴。作品完成。

鸵鸟

鸵鸟是优雅的，它站立的姿态很像撩起裙摆的芭蕾舞演员。用一颗小号的松果制作鸵鸟的小脑袋，之后用细细的树枝表现其细长的脖子。用硕大的松果制作鸵鸟的身体，再配上细高的腿……鸵鸟的韵味就出来了。

制作步骤

1.选一颗华山松的松果制作鸵鸟的身体。

2.用弯曲的云杉树枝表现鸵鸟脖子的形状与质感，用小松果制作鸵鸟的小脑袋。

3.用松果鳞片、松子壳、栾树种子、麻绳来塑造五官细节。

4.将较小的华山松松果从中间剪开，表现鸵鸟的翅膀。

5.用云杉树枝表现鸵鸟的腿，并让它呈现一定的动态姿势。

6.用杨树嫩枝做鸵鸟的脚趾，横切开一颗华山松松果做鸵鸟的尾巴。作品完成。

河马

憨厚可爱但又让人敬畏，滚圆的身体上长着一张巨大的嘴巴，七零八乱的牙齿着实令人捧腹，这是河马给我的印象。它在生活的地方少有天敌，反而常常帮助弱小的动物们对抗鳄鱼。我刻意让它站立起来，并赋予了它一双拳套，这样比较符合它见义勇为的正义形象。

制作步骤

1.选一颗油松松果做河马的脑袋。

2.用核桃壳做河马的嘴巴，用松果鳞片做河马的耳朵。

3.注意嘴巴的特点，可以适当夸张。眼睛是两颗小榛子。

4.削几截树枝表现牙齿；以松子壳搭配黑豆表现鼻子；用栾树种子作为点睛之物。

5.河马的身体需要一颗更大的油松松果，注意与头部的协调。

6.四肢采用云杉松果，要注意动态与平衡。

7.分别用榛子壳和核桃壳做河马的手和脚，需要注意重心的稳定和色调统一。作品完成。

黑猩猩

黑猩猩给我印象最深的便是它那长长的胳膊和凸出的嘴巴，它丰富的表情常能令人哈哈大笑。我用一颗浅色的核桃壳表现它的嘴巴，无论是颜色还是形状都很到位。为了突出它生动的表情，我在处理下巴的时候，表现出它正在嚼东西的样子。处理整体的动作时，一定要让它生动起来，这是它与人相像的又一大特点。

制作步骤

1. 用一颗较小的油松松果做黑猩猩的头部。

2. 用核桃壳体现黑猩猩嘴部的特点，注意上下嘴唇的对比关系，可以适当夸张。

3. 用华山松松果鳞片表现黑猩猩的鼻子，用黑豆表现它的鼻孔。注意要将华山松松果鳞片粘在核桃壳靠上的位置，同时以鼻子为中心，用油松松果鳞片表现黑猩猩的眼眶，用栾树种子表现它的眼睛。注意眼眶要紧挨鼻梁，呈现八字效果。

4. 用较小的核桃壳表现黑猩猩的下巴，与上嘴唇形成对比关系，嘴巴可以适当张开。然后用华山松松果鳞片表现黑猩猩的耳朵，注意耳朵的间距与头部的关系。

5. 用较大的油松松果做黑猩猩的身体，并将其与脑袋粘在一起。

6. 用较短的云杉松果做黑猩猩的腿部，用较长的云杉松果做黑猩猩的胳膊，注意腿部与胳膊的协调性与动态感。胳膊可以增加一些动作，使作品更加生动形象。

7. 用华山松松果鳞片表现黑猩猩的脚掌和手掌，注意松果鳞片的位置以及大小对比关系。作品完成。

狮子

雄狮王者的霸气主要体现在那浓密的鬃毛围脖上，这是其威严身份的象征，绝不亚于任何一顶王冠。当我将松果剪开的一瞬间，我发现排列规律整齐的松果鳞片与我心目中的狮子鬃毛简直是宿命般的契合！这是很棒的一次尝试，用松果鳞片做的鼻子、嘴巴，用细竹梢做的胡须……每一处材料都好像大自然冥冥中早已为我准备好的。它们是那样恰到好处，使整个造型栩栩如生。

制作步骤

1.切开一大一小两颗油松松果，将它们相对粘在一起，表现狮子的面部和鬃毛。

2.用一片长松果鳞片做狮子的鼻梁，将其粘贴在面部中间靠下的位置。

3.用开心果壳做耳朵，再粘上仿真眼睛。细竹梢颇具韧性，可用来做胡须。修剪后的松果鳞片用来做嘴巴，也恰到好处。

4.狮子的身体是简洁且光滑的，可以用一截原木桩来表现。

5.用树枝做腿，注意整体的动态感和重心。

6.用松子壳做它的爪子，用细树枝和榛子壳做尾巴。作品完成。

驴

驴是马的亲戚，它有一张长长的脸和高挺的鼻梁，白色的嘴巴里露出滑稽的大板牙，长长的耳朵掩不住呆萌的眼神。云杉松果、剑麻壳、咕嘟果、棉花壳……所有的材料在它的身上都具备了莫名的喜感。几截简陋的树枝表现出它步伐的动态感，整体灵动、鲜活。

制作步骤

1.用细长的云杉松果来做驴的长脑袋。

2.用剑麻壳做鼻梁，用棉花壳做它的长耳朵。

3.用咕嘟果表现驴突出的眼睛，更显滑稽。橡果帽非常适合表现脑袋上的那撮气质毛发。

4.驴的白嘴巴用浅色核桃壳表现。用松果鳞片做的大板牙，让它的表情更加生动。

5.驴的身体用一颗简洁的云杉松果表现。

6.弯曲有致的树枝是它的四条腿，注意动态与平衡。

7.驴蹄子是小榛子壳制作的。用弯曲的树枝做的尾巴，起到了调整整体动态的作用。作品完成。

狐狸

长松果、圆松果、细竹枝、栾树种子……各种材料灵活拼接，一只栩栩如生的狐狸就完成了。脑袋一歪，尾巴一翘，抬起前脚，狡黠的神态活灵活现。狐狸的狡黠形象早已深入人心，因而除形态特征以外，动态也是要用心拿捏的。制作狐狸所用到的每一种材料都经过反复推敲，力求做到轻松到位。这是我早期标志性的作品，给我后期的创作带来很多启发。

制作步骤

1. 用圆松果做狐狸的头部，以利于表现它的腮部。

2. 用大果松松果细长的鳞片做它的嘴部，用华山松松果宽大的鳞片做它的耳朵。

3. 开心果壳做的眼眶两边微微上挑，搭配栾树种子做的眼珠，非常符合狐狸的特征。胡须用几根细竹枝表现。

4. 身体和尾巴用细长的云杉松果打造。粘接身体与尾巴时需注意视觉上的动态与平衡。

5. 枣树枝是制作腿部的理想材料，表现抬起的前脚时要注意重心的稳定。

6. 用松子壳做狐狸的脚，让作品更加完整和丰富。作品完成。

牦牛

这头牦牛体格健硕，孔武有力！脑门前的刘海是有性格的，朴素憨直，呆萌可爱。显然松果球的身体是适合它的，嘴巴用榛子壳表现，我自认为表达到位。很显然，这是一头来自青藏高原的牦牛。

非洲野牛

这只非洲野牛的形象强壮有力而又不失可爱。在硕大的菱角做成的牛角的加持下，更显雄壮威武！菱角的外形真是奇特，大自然有时也会刻意雕琢。整体造型采用了拟人化的表现手法，直立的姿态和正在打拳的动作赋予了它坚毅、不惧强敌的气质。

野猪

这头“精神小伙”看上去有些粗野，浑身充满了干劲，正要朝你冲过来了！这颗大松果简直是为它而生，还有那个圆木片也恰到好处！竖立的猪鬃威风凛凛，后肢和尾巴短小精悍，可谓体态健硕！

大象

2

森林系列

考拉

松鼠

Q版猫头鹰

兔子

小公鸡

长鼻猴

金丝猴

考拉

考拉有一对毛茸茸的耳朵，配上一双小眼睛，显得格外呆萌可爱，天生一副人畜无害的样子。2020年澳大利亚的那场森林大火，致使生活在森林中的无数生灵涂炭，在新闻中看到毛发已被熏得焦黑的考拉妈妈背着它的孩子，那一刻，我非常难过。于是我带着孩子们用松果创作了这对考拉母子。这件作品中表达了孩子们热爱自然、爱护动物的纯真善良的心灵。

制作步骤

1. 选一颗油松松果做考拉的脑袋。

2. 华山松松果的鳞片很适合做考拉宽大的鼻子。之后粘上仿真眼睛，注意眼睛不要太大。

3. 用华山松松果鳞片做考拉的耳朵。

4. 用更大一些的油松松果做考拉的身体。

5. 将考拉粘在事先备好的树枝上。注意考拉与树枝的前后空间关系。

6. 用油松松果鳞片做考拉的腿，注意腿部和整个身体的协调性和动态平衡。作品完成。

松鼠

松鼠是很常见的一种小动物，小小的身体拖着大大的尾巴在树枝上跳来跳去，非常引人注目。我用拟人的手法塑造了这只卡通松鼠的形象。一颗圆松果表现它萌萌的脑袋，榛子壳特殊的形状表现它胖胖的脸颊与嘴部，晶莹剔透的眼睛用栾树种子和松子壳表现。当它蹲下来抱着果实啃咬时，身体和大腿便融为一体。当然，它最大的特点一定是那条长长的、毛茸茸的大尾巴。

制作步骤

1.选一颗大小合适的圆松果作为松鼠的脑袋。

2.将榛子壳粘在油松松果中心偏下的位置，表现松鼠胖胖的脸颊。

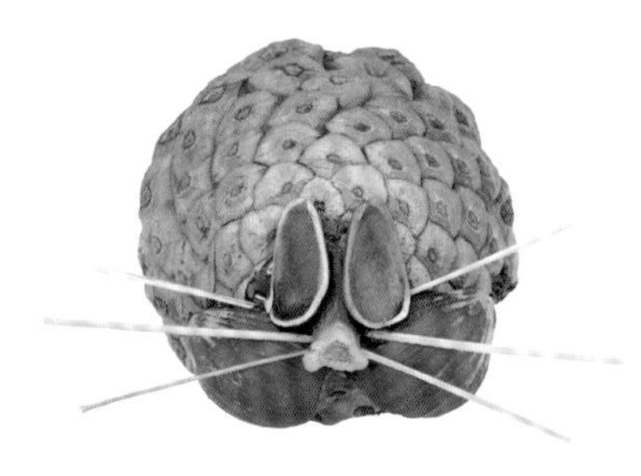

3.用细竹梢做松鼠的胡须，用小松果片做鼻子，然后以鼻梁为参照，在左右两边各粘上一个松子壳作为松鼠的眼眶。

4.眼珠用的是又黑又亮的栾树种子。剪两片开心果壳做它的大门牙。最后用松子壳做它的下唇和耳朵。

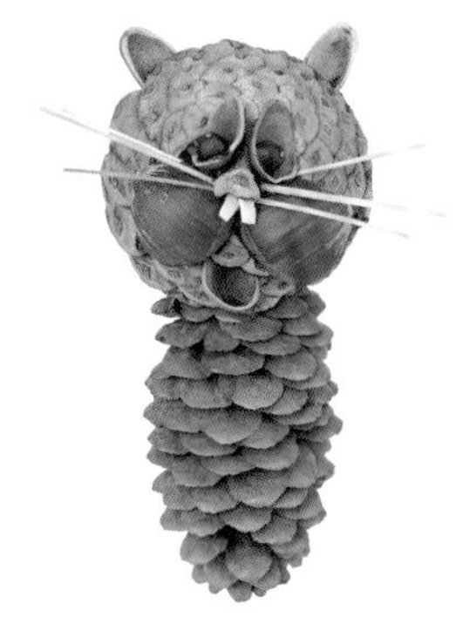

5.松鼠直立的身体是用一颗云杉松果做的。

6.用劈开的云杉松果做松鼠的大腿和胳膊，用油松松果的鳞片做松鼠的脚掌和小手。抱着食物的样子让它的形态更加生动。

7.最后用一颗长且弯曲的云杉松果做它的尾巴，靠在身体上。作品完成。

Q版猫头鹰

猫头鹰是暗夜的卫士，夜神赋予了它一双犀利有神的大眼睛，机敏地注视着黑暗中的一切。它的头部与身体是浑圆一体的，像极了一颗圆圆的松果球。大自然总是给我许多灵感——棉花壳、菱角、毛泡桐果实上的宿存花萼……眼睛、眉毛、尖嘴、利爪，每一处的表达都是那样恰到好处。或许我只是一个代言人，大自然创造了它。

制作步骤

1. 选一颗大小合适的松果做猫头鹰的身体。

2. 用修剪过的云杉松果做猫头鹰的眼眶。

3. 用棉花壳做猫头鹰的眉毛，眉角微微向上倾斜。

4. 将仿真眼睛粘在云杉松果的中间部位。

5. 用菱角尖做猫头鹰的嘴巴，注意整体比例，不宜过大。

6. 用华山松松果的鳞片做猫头鹰的翅膀。

7. 用毛泡桐的宿存花萼表现猫头鹰的爪子。

8. 将做好的猫头鹰粘在事先准备好的树枝上，作品完成。

兔子

兔子生性胆小，相貌可爱，乖巧的形象深受孩子们的喜爱，一对长长的大耳朵是它最大的特点。它也是常见的卡通形象，被孩子们所熟知。我尝试以松果为主体来表现一只活泼的卡通兔子，用棉花壳做它长长的耳朵，用开心果壳做它白白的大门牙。当它站起来眺望的时候，怀里还抱着一根胡萝卜。

制作步骤

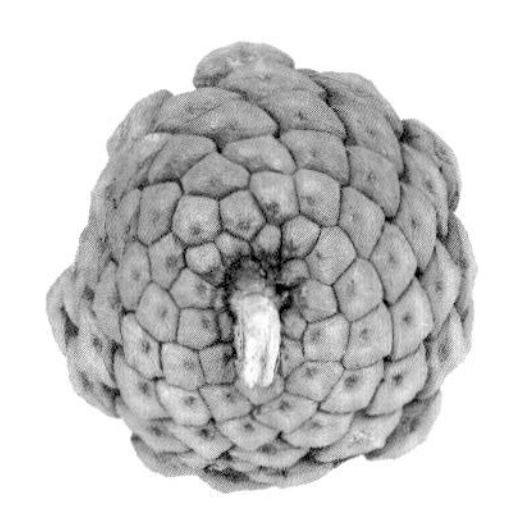

1.选一颗油松松果做兔子的头部。

2.用榛子壳表现兔子脸颊，用细竹梢做胡须，将小榛子当作鼻子粘在胡须上。用松子壳做眼眶，用栾树种子做眼珠。

3.剪两片开心果壳做兔子的大门牙，用松子壳做下嘴唇。之后用棉花壳做兔子长长的耳朵。

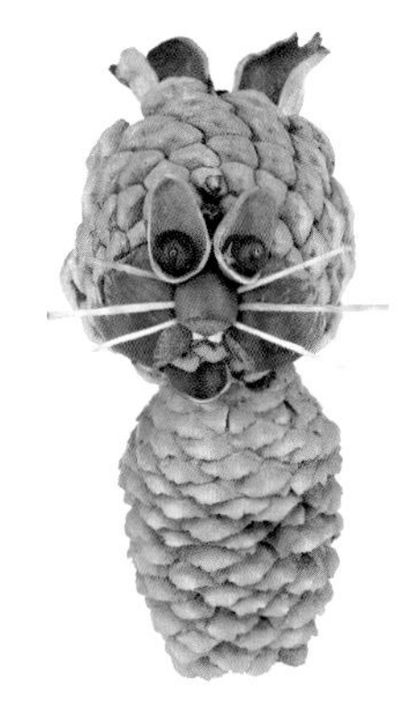

4.兔子的身体用一颗较大的云杉松果表现。

5.用劈开的云杉松果表现兔子的大腿和胳膊，用油松松果的鳞片表现兔子的大脚和小手。

6.用一个细长的云杉松果作为胡萝卜，粘在兔子怀里，用橡果帽做兔子的短尾巴。作品完成。

小公鸡

刚孵化出来不久的小公鸡毛茸茸、胖乎乎的，甚是讨人喜爱，我用半截云杉松果来表现它的脑袋，用一颗圆松果来表现它胖胖的身体，用松果鳞片来表现它尖尖的小嘴。为了突显小公鸡的特点，我将鸡冠放大，用圆松果片的一部分来表现。

制作步骤

1. 选一颗油松松果做小公鸡的身体。

2. 将云杉松果切一半作为小公鸡的脖子和脑袋。

3. 用油松松果的鳞片表现小公鸡的嘴巴，用松子壳表现它的眼睛，用云杉松果的鳞片丰富嘴部的特征。

4. 修剪一颗油松松果做成鸡冠，粘在小公鸡的脑袋上。

5. 用剪下的一部分油松松果做小公鸡的尾巴。

6. 用较大的油松松果鳞片来做小鸡的翅膀，最后用小原木片做底座。作品完成。

长鼻猴

这只猴的气质十分独特，充满了异域风情。在记忆的某个角落，我与它似曾相识。借着模糊的印象，这位童年的老友缓缓地向我走来。

金丝猴

各色散落的松[illegible]机地组合起来，一只小金丝猴就出现了。用榛子做嘴巴，用小松果鳞片塑造鼻子，一双眼睛又圆又传神，一只手托着下巴，另一只手悠闲地放在膝盖上，多么像一个人啊！各种材料的运用，仿佛为它注入了灵魂，一切从自然中来，最终又回到自然中去。

3

飞鸟集

麻雀

麻雀是我们最为熟悉的鸟类，它们的体型和颜色恰好像一颗松果，为松果加上翅膀、尖嘴和尾巴，稍加修饰，一只灵巧可爱的麻雀跃然眼前。尖尖的菱角、干枯的散文葵叶片……每一种材料的颜色在它身上都是恰到好处的，冥冥中它们都是为彼此做好准备的。

制作步骤

1. 选一颗云杉松果做麻雀的身体，再剪半颗云杉松果做麻雀的头部。

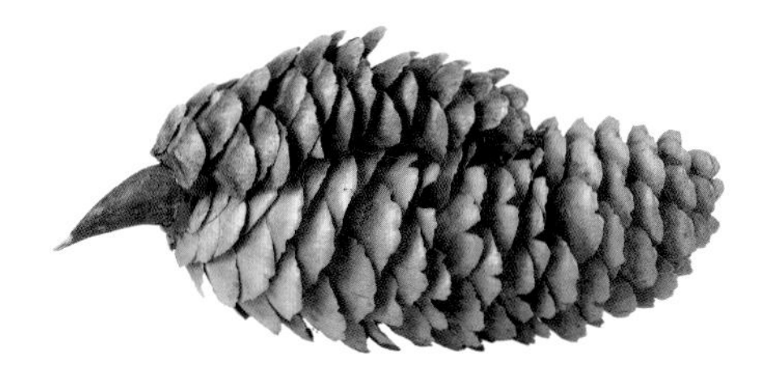

2. 用菱角尖表现麻雀尖尖的嘴巴。

3. 两侧的翅膀是用劈开的云杉松果表现的，之后粘上又小又亮的仿真眼睛。

4. 翅膀上的羽毛选用的是干枯的散尾葵叶片，注意羽毛长短错落搭配。

5. 继续用干枯的散尾葵叶片表现麻雀的尾巴，注意整个身体比例的协调。

6. 用细小的树枝做麻雀的腿和爪子，之后将其粘在树枝上，表现站立的姿态。注意整体的动态和协调。作品完成。

鸳鸯

鸳鸯象征着爱情，通常出双入对，其中雄性鸳鸯外形格外美丽，胖胖的身体和微微翘起的翅膀是它显著的特点。小巧且饱满的体态浓缩着优雅的曲线。我用切开后的云杉松果表现它的冠羽，用散尾葵底部叶片自然的形态和颜色表现雄鸳鸯翘起来的翅膀，一只美丽的雄鸳鸯就做好了。

制作步骤

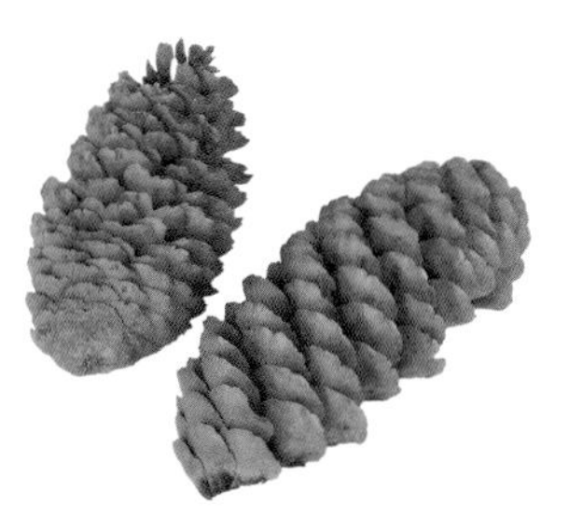

1.将半个云杉松果贴在另一颗云杉松果上，表现雄鸳鸯的头部。

2.注意头部冠羽的塑造，同时用剑麻壳做雄鸳鸯的嘴。

3.用松子壳做眼眶，用栾树种子做眼睛。

4.选一颗较大的云杉松果作为雄鸳鸯的身体，再用劈开的云杉松果塑造身体下半部分。

5.将劈开的云杉松果粘在身体两侧，使其体态更加饱满。然后用散尾葵叶片做雄鸳鸯的翅膀，注意微微上翘的曲线。

6.继续用散尾葵做尾巴，注意不宜太长，保持体态。作品完成。

鹦鹉

鹦鹉就像是鸟类中的时尚博主，花花绿绿，各显神通，恨不得把所有颜色的衣服都穿一遍。弯弯的嘴巴加上呆萌的脑袋，看起来可爱极了。我用一颗小云杉松果做它的头部，用菱角表现它的嘴巴，它们几乎是天作之合。鹦鹉多数时候是站在树枝上的，它那长长的翅膀和尾巴会将它的整个身体突显得很大，这或许也是它生存的一大技能。我用散尾葵的叶片体现它的这一特征。

制作步骤

1. 准备一颗云杉松果和劈开的半颗云杉松果做鹦鹉的头部。

2. 将半片云杉松果适当弯曲后粘在整颗的云杉松果上，之后粘上弯曲的菱角做鹦鹉的嘴。

3. 用松子壳做鹦鹉的眼眶，在内部粘上仿真眼睛。

4. 选一颗较大的云杉松果做鹦鹉的身体，之后用切开后的云杉松果做鹦鹉的翅膀和鼓鼓的肚子。

5. 用散尾葵叶片做鹦鹉的翅膀，将其粘在合适的位置。

6. 用散尾葵叶片做鹦鹉长长的尾巴，然后将做好的鹦鹉固定在事先备好的树枝上，用十字果（木荷的果实）的果柄做鹦鹉的爪子，调整整体的比例与形态。作品完成。

喜鹊

它为什么叫喜鹊呢？你看它走路的样子……真是只欢喜的鹊儿，名副其实！但它竟也是个猎手，经常捕食一些青蛙、昆虫之类的小动物，居然连院子里刚满月的小鸡也不放过。

翠鸟

翠鸟的嘴又尖又直，像一柄锋利的小刀。这嘴巴装配在一副小巧的身体上似乎有些违和。但见到它捕鱼时射入水中的那一瞬间，我明白了造物主的用意。

老鹰

老鹰是天空中的霸主，也是很多小型动物的噩梦。一双锐利的眼睛配上锋利的嘴巴，已然霸气外露了。据说它的鹰爪会抓进动物的脊背将其带走，所以它的双腿也是粗壮有力的。

欧洲雁

拥有鸭子的体态和鹅的体重，这只来自欧洲的红脸大鸭子笨重得都快飞不起来了。它的声音总是沙哑的，不知道怎么的，一生下来就把嗓子搞坏了。

猫头鹰

这是一只圆润的猛禽，甚至有些呆萌。它不捕猎的时候，我们很难发现它竟有鹰嘴和利爪。唯一慑人的是那双炯炯有神的眼睛，掩藏不住的杀气。它就是“暗夜猎手”——猫头鹰。

鸽子

鸽子天生一副温顺和善的样貌，它是食素的，乐于亲近人类。嘴巴上凸起的鼻瘤是它典型的特征。我经常见它们在鸡窝、兔舍里蹭吃蹭喝，可谓“交友广泛”。

游隼

快如闪电的游隼，犹如一支利箭，射向它的猎物。它体型较小却英勇强悍，不容小觑，老鹰也得让它三分。

4

昆虫系列

毛毛虫

大家都知道毛毛虫是蝴蝶和蛾子的幼虫，身体柔软，行动缓慢，是许多鸟类的食物。有些毛毛虫为了躲避天敌，甚至进化出了和树皮一样的肌理。我在秋天的杨树林中偶然发现掉落的树枝，灰白的颜色加上扭曲的形态以及凹凸不平的肌理像极了有些毛毛虫，我随即便创作出了这只毛毛虫。

制作步骤

1. 选一枝自然弯曲的杨树嫩枝作为毛毛虫的身体。

2. 用侧柏球果的鳞片做毛毛虫的头部。

3. 用牵牛花的果壳做毛毛虫的触角和细尾巴，用曼陀罗种子做毛毛虫的眼睛。

4. 用侧柏球果的果芯来表现毛毛虫的腿。注意相互之间的比例关系的协调。作品完成。

天牛

天牛作为一种害虫，生活在树林中，终生以树木为食，尤其对柳树会造成极大的损伤。我在收集的材料中发现大果松松果的鳞片的形态比较接近天牛狭长的身体。一对长长的触角是它标志性的特征，我用细竹枝来表现。竹节和侧枝则正好可以表现天牛的腿。

制作步骤

1. 用大果松松果的鳞片做天牛的身体。

2. 用小华山松松果的鳞片做天牛的头部。

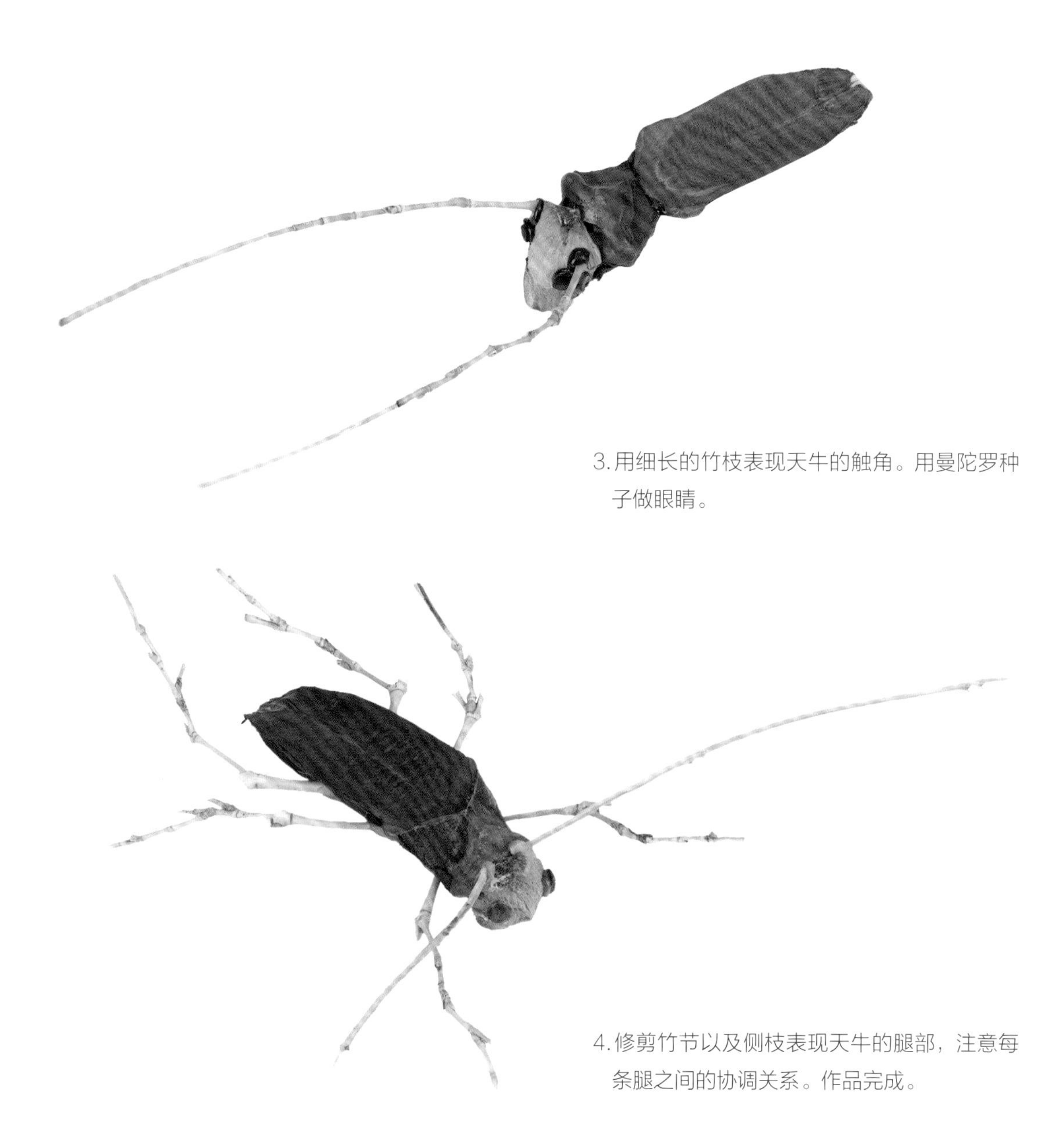

3. 用细长的竹枝表现天牛的触角。用曼陀罗种子做眼睛。

4. 修剪竹节以及侧枝表现天牛的腿部，注意每条腿之间的协调关系。作品完成。

蚂蚱

小时候在河滩边上随处可见蚂蚱的身影，尤其是入秋时分，蚂蚱异常的活跃。修长的身体、轻盈的翅膀、长长的触角以及强健有力的大腿，轻轻一跃便可躲避天敌的威胁。我尝试用未成熟的云杉松果表现它的身体，用散尾葵叶片表现它轻盈的翅膀，用细细的竹枝表现它的触角，同时竹子侧枝的固有形态正好适合表现它的腿关节。

制作步骤

1.选一颗未成熟的云杉松果做蚂蚱的身体。

2.用油松松果的鳞片塑造蚂蚱的头部。

3.继续完善蚂蚱的头部细节，同时将仿真眼睛粘在适当的位置，用细竹枝表现蚂蚱的触角。

4.用修剪过的散尾葵叶片表现蚂蚱的翅膀，注意两边的对称性。

5.用弯曲的竹枝表现蚂蚱的腿部，利用好竹节的形态，恰巧可以表现蚂蚱的腿关节。作品完成。

猛犸象甲

这是我根据材料创作的一件作品。当我将十字果（木荷果实）、橡果帽、山核桃、栾树叶摆在一起时，发现这只展翅的甲虫具备了某些猛犸象的气质，那就叫它猛犸象甲吧！

制作步骤

1. 一颗核桃是它的身体。

2. 粘上带柄的十字果做它的头和嘴巴。

3. 身体两侧的前翅厚而硬，用两瓣平整且饱满的棉花壳表现。

4. 由前翅下方展开的是两片后翅呈膜质，采用的是半透明的栾树果壳来表现。

5. 在头部上方加一个麻栎果帽会让它变得更可爱。下方的眼睛是用栾树种子做的。

6. 触角是用一对分叉的栾树果柄表现的。

7. 腿部是用来自菜园里的小番茄果柄表现的。作品完成。

鹿角甲虫

我在用自然材料表现昆虫时发现毛泡桐果实上的宿存花萼很像鹿角，于是便有了做一只鹿角甲虫的想法。这只想象中的昆虫源于大自然给我的灵感。我用橡果帽表现它的肩甲部位，让它更具野性。

制作步骤

1. 核桃壳非常适合做甲虫的身体，麻栎果帽做头胸部。

2. 粘好头胸部后，用两瓣十字果做它的嘴部。

3. 用侧柏球果带尖刺的一瓣鳞片做它头部的角；用侧柏球果内部的两片小鳞片做它左右两根触须；黑色的小眼睛用曼陀罗种子来表现。

4. 两只鹿角用毛泡桐的宿存花萼表现。

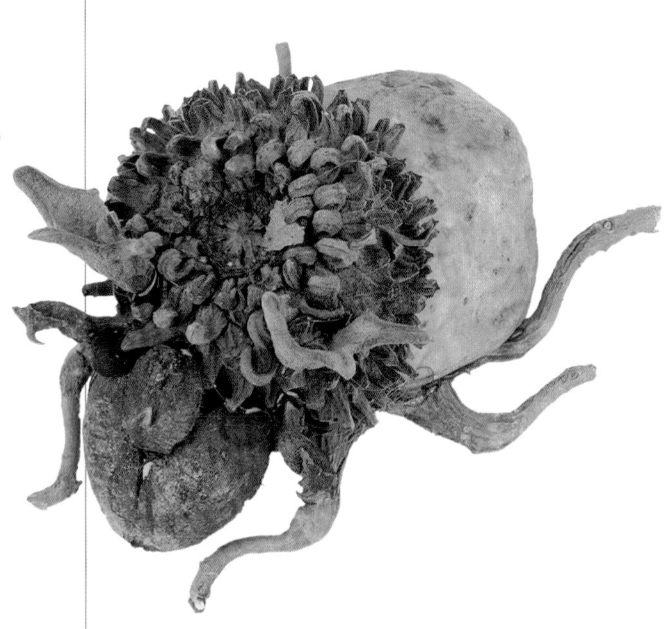

5. 再用六根带弯曲弧度的毛泡桐果柄做甲虫的腿。前腿向前，中腿和后腿向后。作品完成。

苍蝇

苍蝇是与蚊子一样招人厌恶的昆虫，在炎热的夏天随处可见。我在菜园里偶然发现洋姜（菊芋）干枯的管状花花冠很像它的眼睛。由于材料种类的局限，我用剑麻壳表现它的翅膀，在形态上也算符合它的气质。

制作步骤

1. 选一瓣毛泡桐果壳做苍蝇的腹部。

2. 腹部前端两侧的翅膀用剑麻壳表现。

3. 胸部用干燥的百日菊花朵表现，头部用一个带柄的十字果表现。

4. 干枯的两朵菊芋管状花花冠很适合表现苍蝇的复眼。

5. 苍蝇腿部用六个弯曲的毛泡桐果柄表现。作品完成。

金色巨蝇

新的材料通常能带给我新的灵感。这是一只想象中的昆虫，也许在世界的某个角落，你会遇到这样一只可爱的昆虫。

甜菜象甲

这是源自我童年记忆的小伙伴，在甜菜地里经常能看到它们，灰色的身体有一层硬壳，你抓它它就装死。那时没想到这个小可爱竟是对甜菜破坏力很大的害虫。我凭着记忆用带壳的蓖麻还原了它的样貌。

屎壳郎

屎壳郎是伴随我整个童年的一种甲虫。它几乎一生都在和粪便打交道，尤其是滚粪球的本领实在让人大开眼界。看似笨拙的身体却处处散发着聪明劲。我在用自然材料表现它时，首先想到了毛栗子壳和榛子壳，因为它们无论从外形还是质感上都比较接近屎壳郎的外壳。屎壳郎的腿部强劲有力，尤其是前肢异常发达，在众多材料中，毛泡桐果柄弯曲有致的形态较为适合表现它们。

熊蜂

这憨头憨脑的熊蜂，可是人见人爱。谁都想动手摸一摸它，但它蜇人可是疼呢。在现代设施农业中，它被用来给温室的花朵授粉，虽胖却是个勤快的小家伙。

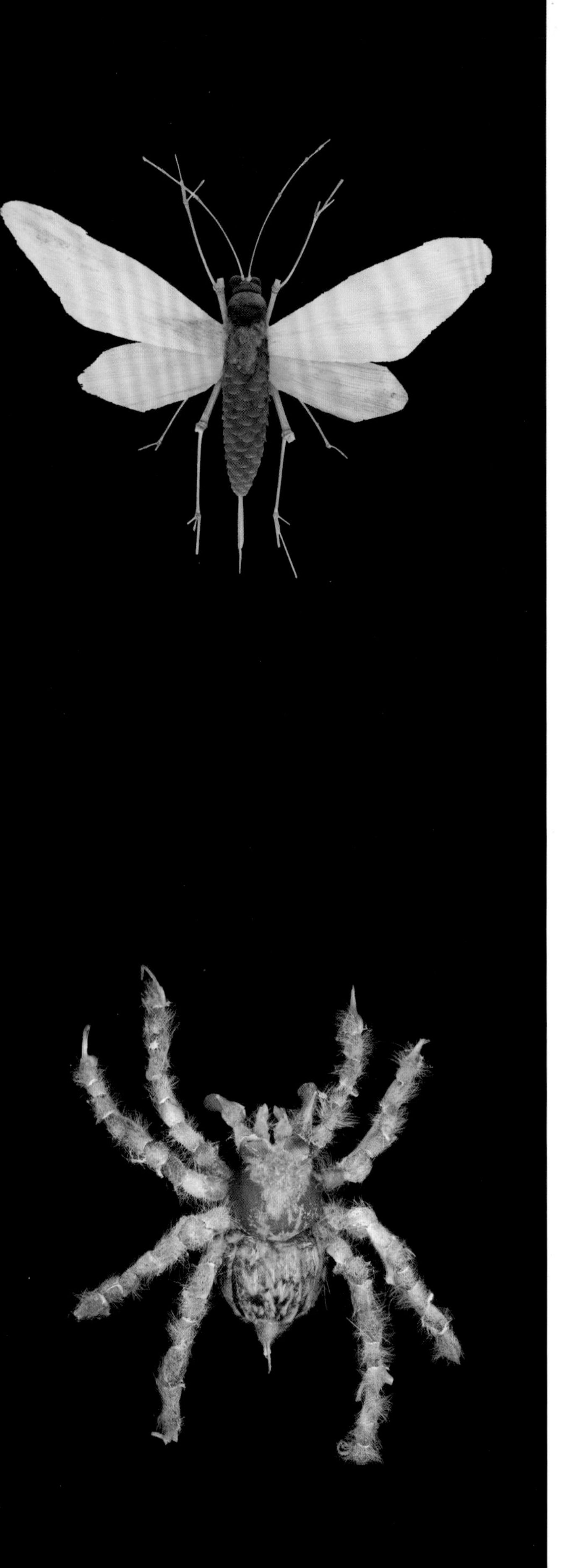

展翅的蝈蝈

在我童年的记忆中，蝈蝈体格健硕、咬合力惊人，跳跃能力也远超蚂蚱，它几乎站在了昆虫食物链的顶端。当它张开翅膀时，突然变了模样，“火车头”居然起飞了！我用云杉松果来表现它肥硕的身体，用玉米皮做成了它的翅膀，竹枝的形态正好适合表现它的腿。

蜘蛛

蜘蛛多数时候不太招人喜欢，尤其是当蛛丝粘在你的脸上或者它爬到了你身上时……虽然没有翅膀，但造物主也没少偏袒它。八条大长腿总让人感觉是长多了。眼睛也不少，二四六……好在它没有脖子，不会扭头再咬你一口。

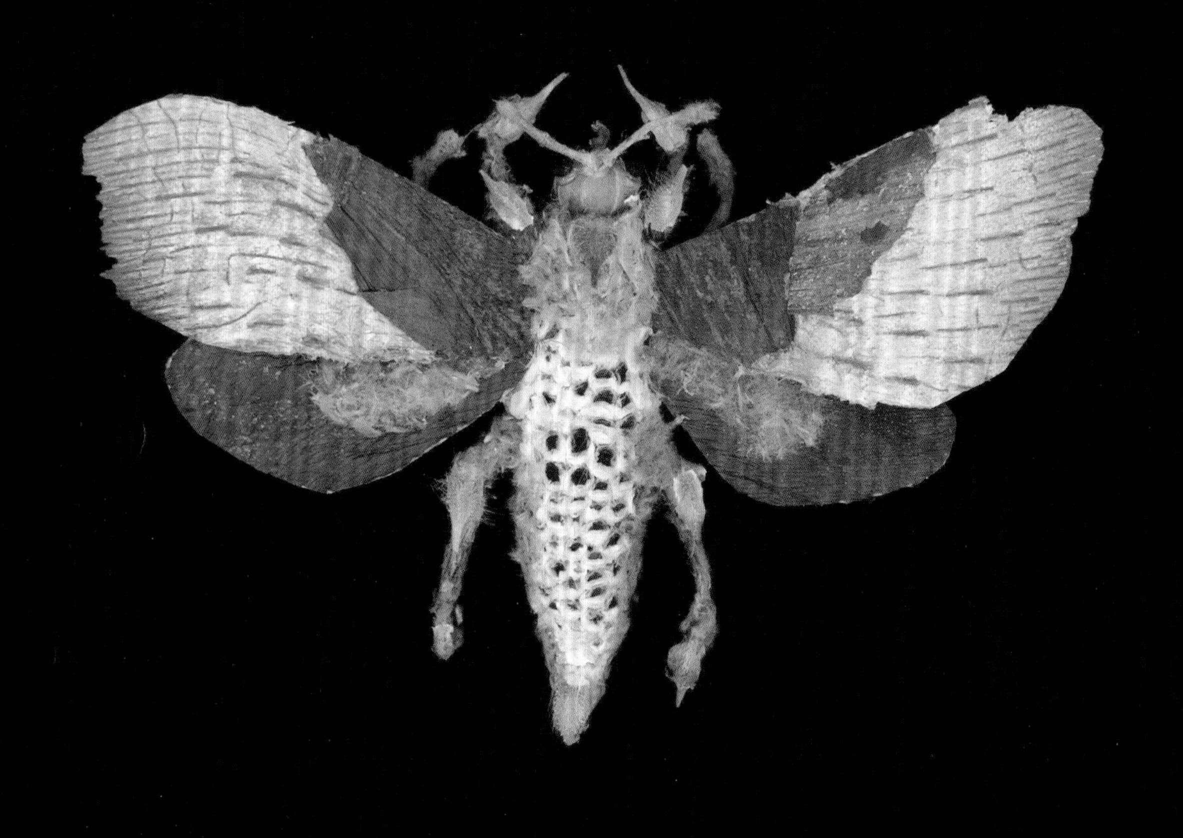

蛾子

如果不仔细看，你断然不会发现树干上竟然还贴着一只蛾子，它的翅膀平铺着覆盖在身体上，灰不溜秋的。与花枝招展的蝴蝶不同，它是伪装大师，也许对鸟儿来说，它更加肥美。

5

卡通系列

小熊

小熊那胖乎乎的身体和憨态可掬的样子让人很难想起它是一种猛兽。那卷曲的毛发非常适合用松果来表现，形态上达到了高度还原！作为礼物它是很适合送给伴侣的，因为它代表着忠诚和陪伴。

制作步骤

1. 选一颗较小的油松松果做小熊的头部。

2. 用核桃壳表现小熊的鼻子和嘴部，用黑豆表现眼睛和鼻子。

3. 用修剪好的云杉松果花表现小熊的耳朵，用树枝表现小熊的嘴缝。

4. 用较大的油松松果表现小熊的身体，注意与头部的比例关系。

5. 用较细的云杉松果表现小熊的腿部和胳膊。注意下粗上细的对比关系。

6. 用华山松松果的鳞片表现小熊的脚掌，用木片、木桩打造出小熊的礼帽。帽子要稍微倾斜，最后给小熊系个蝴蝶结。作品完成。

Q 版霸王龙

霸王龙是很多男孩子们感兴趣的话题，硕大的脑袋下面竟是一对瘦小滑稽的前肢，与粗壮的后腿形成鲜明的对比。霸王龙还长有一条巨大的尾巴，起到平衡身体的作用。我夸张了这些特征，塑造了一只Q版的霸王龙，显得凶猛又呆萌。

制作步骤

1. 选一颗油松松果做霸王龙的身体。

2. 将云杉松果劈开，表现头部的上下颚。

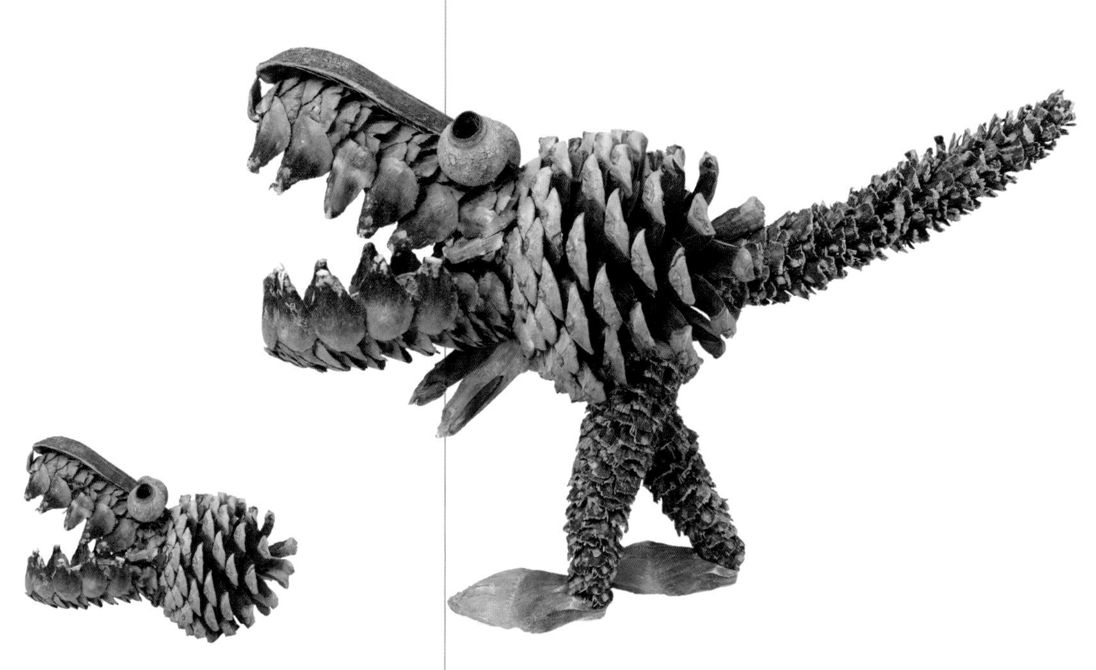

3. 用剑麻壳表现高而挺的鼻梁。用咕嘟果表现眼睛，营造呆萌的气质。用云杉松果的鳞片表现霸王龙的牙齿。

4. 用云杉松果的芯表现霸王龙强健有力的后腿，用华山松果的鳞片做脚掌，注意动态与重心。

5. 用较长的云杉松果芯表现霸王龙长长的尾巴，用于平衡整体。

6. 用较小的油松松果鳞片做霸王龙滑稽短小的前肢。作品完成。

小猪佩奇

小猪佩奇是许多小朋友喜爱的角色，鼓风机形状的脑袋上长着猪鼻子，简洁的线条支撑着圆圆的肚子，形象简洁又可爱。

制作步骤

1.选一个油松松果做佩奇的脑袋。

2.剪一半云杉松果做鼻子，用原木片和黑豆塑造鼻孔的细节。

3.用松子壳和栾树种子做眼睛，用油松松果的鳞片做耳朵。松子壳的弧线非常适合表现微笑的嘴巴。

4.用较大的油松松果做佩奇的身体。

5.用云杉松果芯做佩奇的腿，用油松松果的鳞片做它的脚，注意两条腿之间的动态关系与重心、比例。

6.用带叉的小树枝做佩奇的小胳膊，注意胳膊与整个身体的比例与协调关系。作品完成。

小女孩和她的宠物

这是我突发灵感随手创作的一个小人儿。帽子、发辫、衣服……每一种材料都恰到好处，可算得上妙手偶得。她的旁边还有一只小宠物呢。

情侣

这是诞生在情人节前夕的一件作品。两个小人儿悠闲地坐在一根小树枝上，场景浪漫温馨。再给其中的男孩子戴上副眼镜，斯斯文文的形象就像我一样。

鸟鸟鸟

第一次看《鸟鸟鸟》这部动画短片，我便被里面的这几只鸟吸引住了，圆圆的身体像极了一颗刚掉落的油松松果。用开心果壳与栾树种子做眼睛，用毛泡桐果壳表现它们的大嘴巴，打造出这对神气活现的“蠢鸟”组合！

兔八哥

兔八哥是深入人心的卡通形象，它是一只被赋予人形与性格的兔子，机智、狡猾又自信。长耳、门牙、短尾巴，让你一眼就能认出它是只兔子。与其说创作，倒更像是用松果还原它的形象与气质。

卖崽青蛙

谁能想到，多年以后葫芦娃动画片中的蛤蟆精能蹿红网络，现在看来，它的形象确实颇有几分喜感。再搭配卖崽的情节，更显无辜和可怜，核桃壳与橡果的运用是我的得意之处。那几个松果芯让这些青蛙像是穿上了毛裤，滑稽搞笑。

贪婪的小鸟

卡通造型往往能让我的创作进入自由的国度。《贪婪的小鸟》这部动画短片让我印象深刻，夸张的形象颇具表现力。艺术形象往往源于自然，我又用自然模仿了艺术。

皮卡丘

每一个孩子的世界里都会住着一个快乐的小伙伴，皮卡丘就是其中之一。这件作品与其说是在表达一个卡通形象，不如说是在表达童年的那份快乐。

6

仿真动物

蜈蚣

二十一、二十二、二十三……好在这只蜈蚣的身体足够长，不然在哪里安放那么多只脚呢。

蛤蟆

这是我觉得较为得意的一件作品，你能猜出它是用什么植物制作的吗？农村有一种很常见的植物，叫曼陀罗，它的果壳上全是刺，用火略微烤一下，非常适合表现蛤蟆疙疙瘩瘩的皮肤。

刺猬

看到板栗外壳的第一眼我就想到了刺猬，为了制作它我是付出了代价的，那玩意儿要比刺猬扎手得多！

兔子

小时候我在院里养了好多兔子，对它们再熟悉不过了。遇上兔年，春节的时候我特意做了一批兔子应景。这是其中比较写实的大型的一只，虽然形态动作感觉都比较到位，无奈太多的松果触发了好些人的密集恐惧症。

三角龙

三角龙是我的史前巨兽系列中的代表作，也是人们印象中比较熟悉的恐龙形象。头部的三只角是它的特征所在，气质上像是一辆横冲直撞的推土机。去掉三只尖角的话，它的气势就没那么威武了。

鳄鱼

这件作品长约1米，用了很多松果来塑造，是我制作大型动物的一次艰苦的尝试。

河马

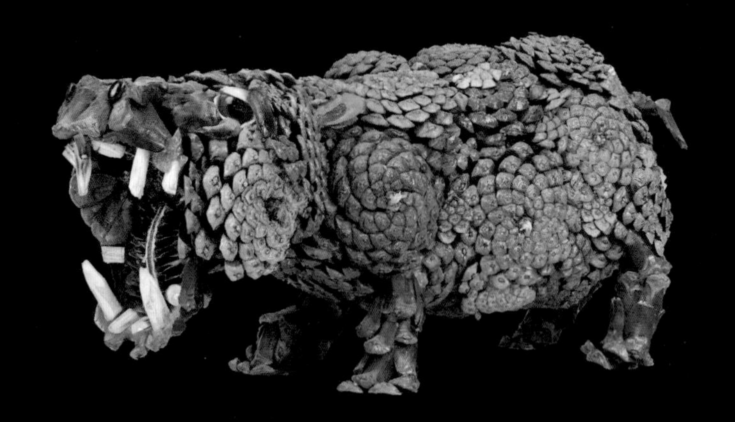

这是我的得意之作！几乎运用到了我全部的造型知识。整体的体态结构和头部的表现有些难度。采用劈开的松果来表现嘴巴达到了意外的效果。感觉那张大嘴一口可以吃得下两个西瓜。

犀牛

犀牛比野牛还要强壮，算得上是“陆地坦克”。与巨大的身体相比，强健的脖子上顺带长了个小脑袋，看上去脑容量很小，不怎么灵光的样子。但它脾气可不小，千万别去招惹……它还有个特别的“兼职”——森林消防员！表现它的特征的时候，要注意脊背到头部的曲线，还有耳朵的位置。

霸王龙

伴随着《侏罗纪公园》系列电影的成功，霸王龙成了恐龙家族的代言人，暴虐恐怖的形象深入人心。塑造直立行走的恐龙，重心是个关键。每次想到它瘦小的前肢，总是感到很滑稽。也许长这样更有利于平衡它的身体。

大公鸡

有人说这只公鸡的出色之处在于它的尾巴，是大写意！与头部相比，尾巴的处理让这件作品在表现手法上更具张力。

7

微型景观

多肉花园

在修剪松果的过程中，我无意中发现被剪下来的云杉松果头很像一朵一朵小多肉，顿时萌发了做一盆仿真多肉的想法，后来陆续发现油松松果的底部剪下来正好可以与原木桩组合成一栋小房子，灵感来了，那就做一座多肉花园吧。于是我陆陆续续地将各式材料搬进来，一座小小的多肉花园就完成了。

制作步骤

1.选一个小圆木桩和一块大的油松松果。

2.将油松松果和圆木桩固定在一起做成多肉小屋的样子。

3.用树皮做门洞，用橡果帽做窗户。将做好的多肉小屋固定在事先备好的原木片上。

4.将青苔铺满整个原木片台面，之后用树枝做一条弯曲的小路，注意小路近宽远窄的透视效果。

5.将云杉松果、橡果帽、十字果等当作多肉安排在铺满青苔的原木片上。注意考虑大小、多少、空间对比在画面中的应用。

6.将树枝修剪成篱笆的样子，围绕原木片台面打造篱笆墙。之后继续在周边增添松果花、松果芯等自然装饰材料，使画面具有一定的节奏感。多肉花园完成。

松鼠与树屋

小时候，树林里随处可见松鼠的身影，尤其是果子快成熟时，成群结队的松鼠穿梭在树林间上蹿下跳，非常活跃，有时它们会蹲在树枝上休息，尾巴自然地搭落在肩膀上，双手抱着果实啃咬的样子好不自在。用松果做松鼠，这完全是大自然的巧合。用开心果壳来表现它的耳朵，用细细的松针来表现它的胡须，用一颗较大且弯曲的松果来表现它的尾巴，整体形象灵动而敏捷，身形比例恰到好处！

制作步骤

1.选一颗云杉松果做松鼠的身体。

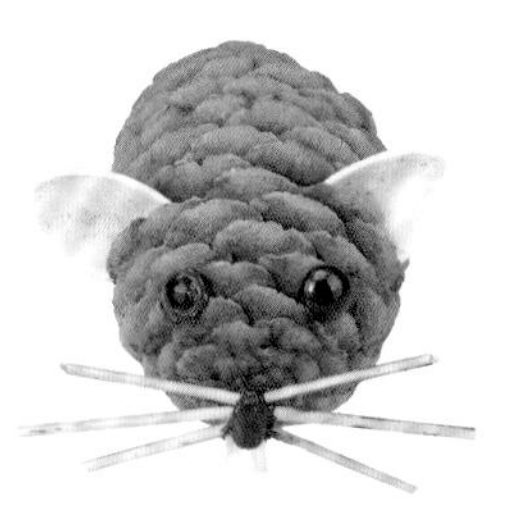

2.分别用开心果壳、细竹枝、仿真眼睛、牵牛花种子塑造五官的细节。

3.用松果鳞片做松鼠的腿和胳膊，并将榛子粘在松鼠怀里。

4.用一颗硕大的云杉松果做松鼠的尾巴，贴在身后。

5.用圆木桩和松果帽做一个小房子。

6.将做好的松鼠和小房子粘在事先备好的树枝上，注意主次关系。

7.用小圆木片做一条盘旋的楼梯，增加整体的画面秩序感和趣味性。

8.将青苔铺满圆木片，设计一个标牌粘在醒目的位置。作品完成。

森林城堡

第一次看《哈利·波特》时，我便被影片中的城堡深深吸引，尖尖的房顶，错落有致的窗户，高大而不失典雅的门洞以及密密麻麻的藤蔓，每栋房子都像被施了魔法，神秘而富有特色。在这件作品中，原木桩自然的颜色赋予城堡斑驳的年代感，桦树皮修剪成门洞和窗户的形状，保留其表层特殊的纹理，葡萄树枝弯曲有致地攀爬在房子周围，甚至是弯曲的烟囱，都显得恰到好处。

制作步骤

1.将两个原木柱顶端削成尖尖的形状。

2.将树皮修剪成房顶的样子，分别粘在原木柱切面两侧。注意两边保持对称。

3.将步骤2的两个小房子粘在一片大原木片上。把树皮修剪成门洞和窗户，固定在合适的位置上。选两段弯曲葡萄树枝粘在房顶，作为烟囱。

4.选择自然弯曲的葡萄树枝粘在房子周围，注意高低错落和整体的空间关系。

5.将青苔粘在大原木片上，营造出草坪的效果，同时将作品中的小缝隙和一些裸露的胶做遮挡处理。

6.用小原木片铺成小路，之后用剩余的自然材料做最后的修饰和调整。森林城堡就完成了。

精灵小屋

一个充满奇幻色彩的精灵小屋，它的主人是什么样子呢？这是一件相对精细化的微型景观，在色彩的和装饰细节上做了很大突破，也是一件具有纪念意义的作品。

橱窗中的大自然

这件作品的灵感来自窗外的景色，我想把这美景框起来带走。一次偶然的机会我又发现了小区垃圾站里的旧窗框……这个作品就诞生了！制作这个作品时，很多孩子参与了进来，且乐在其中。

秋天的笔筒

我用大自然馈赠的材料做了一个漂亮的笔筒，当你坐在书桌前看向它时，就能看到秋天的样子。这是一件简陋却富有诗意的礼物。

后记

这本书是关于我童年记忆的一段缩影，在那个玩具匮乏的年代，大自然是我最好的玩伴，给我提供了源源不断的创意，也给我的人生种下了一颗美妙的种子，我就像那颗成熟不了的呆瓜，永远被搁浅在了那段过去的日子里。

这本书里的每一件作品都来自大自然，那些小时候无法完成的作品终于在今天得以展现，一颗颗小小的松果变成了一群可爱的松鼠或兔子，一片死去的叶片成就了昆虫的翅膀，各类坚果被做成了各种昆虫的身体……这些在生活中随处可得之物成就了山果自然博物馆，也满足了我一直想追忆童年的愿望。

我把这份自然的秘密分享给你，希望你也可以做自己的那颗“呆瓜”。

作者简介

作品创意——安详

山果自然创始人。

一心践行自然教育理念，以大自然中的动植物为素材，结合自己特别的童年经历和艺术专业特长，创立了一套全新的实践课题——《山果自然手工》，独特的自然手工课程体系与教学理念深受孩子们的喜爱。

亲手打造了“山果自然童年乐园”，成为孩子们的精神家园，引导孩子们慢下来用心去感受自然中的美，找寻大自然中的巧合，用身边的一草一木丰富自己的内心。

文字——山果农夫

2007年毕业于宁夏大学美术专业，从事过设计师等多种职业。自从来到山果，就从设计师变成了“农夫”，偶尔也摆弄一下文字。

摄影——城野

1989年出生于宁夏文学之乡西吉县，自幼喜欢摄影。大学学习建筑工程专业，毕业后因个人爱好从事摄影相关工作至今，擅长风光、人文、静物等题材的拍摄。